PRINCIPES GÉNÉRAUX

DE

GÉOGRAPHIE AGRICOLE

PARIS. — IMPRIMERIE WALDER, RUE BONAPARTE, 44.

PRINCIPES GÉNÉRAUX

DE

GÉOGRAPHIE AGRICOLE

PAR

LE Dr P. SAGOT

Anc. chir. mar., membre corresp. Soc. acad. d'Angers et de Nantes.

(Extrait de la *Revue du Monde colonial.*)

PARIS
AU BUREAU DE LA REVUE DU MONDE COLONIAL,
3, RUE CHRISTINE.

1862

PRINCIPES GÉNÉRAUX

DE

GÉOGRAPHIE AGRICOLE

De la distinction des pays chauds en zones équatoriale, tropicale et juxta-tropicale. — Théorie physiologique de l'influence des climats sur la vie végétale.

Il n'y a pas en théorie agricole de problème plus intéressant que de se rendre un compte net du caractère des climats et de leur puissance de production. Telles sont l'harmonie et la dépendance qui lient les règnes organisés et la nature inorganique, que l'on peut considérer les productions végétales, naturelles ou obtenues par la culture, comme une somme équivalente aux forces physiques et à la richesse chimique, sous la coopération desquelles elles se sont développées; car les êtres vivants ne créent pas des forces, mais en utilisent. Comparer aux récoltes d'un pays, établies sur de grandes moyennes statistiques, la quantité de chaleur, de lumière, d'eau, de fertilité minérale, qui constituent sa météorologie et son sol rural, c'est aborder sous sa forme la plus scientifique un beau et pratique problème.

Ce n'est pas toutefois à un point de vue si abstrait et si

élevé que nous nous proposons de traiter la grande question de la théorie agricole des climats. Il nous paraît qu'il y a un véritable intérêt dans une revue qui embrasse les colonies et l'Algérie, d'abord à définir dans les pays chauds les nuances si tranchées qui distinguent — la zone équatoriale, 0°-5° et même — 7°; les régions intertropicales, 8°-24°; les terres juxtatropicales, 25°-31° et même 32°;

Ensuite, à comparer rapidement aux pays chauds les régions tempérées, subdivisées en tempérées chaudes 33°-43°, et tempérées proprement dites 43°-55°, douées d'aptitudes productrices si différentes et appelées par des lois commerciales impérieuses, dérivées des lois naturelles elles-mêmes, à échanger avec eux leurs produits réciproques.

Enfin, à chercher dans la physiologie végétale l'explication des faits les plus généraux, qui caractérisent la profonde diversité de production et d'aptitudes agricoles de ces zones successives de la terre.

Les climats chauds, qui sont proprement ceux dont cette Revue étudie l'agriculture, ont pour caractère commun une chaleur élevée et soutenue. La végétation n'y éprouve pas d'interruption, ou ne tend à en éprouver que sous l'influence de la sécheresse. Ils sont d'autant plus pluvieux qu'on s'approche plus de l'équateur; entre les tropiques les pluies restent abondantes et fréquentes, et l'air, même pendant la sécheresse, est fortement chargé d'humidité latente, sauf sur les points où l'on se trouve au voisinage de déserts. Le cultivateur y plante des végétaux, inconnus pour la plupart dans les régions tempérées, et la pratique agricole y prend des formes très particulières. Cherchons à y bien définir les zones qui s'y dessinent.

Zone équatoriale. — Les contrées situées entre 0° et 5° (quelquefois même 6° et 8°), sont caractérisées par une chaleur humide très uniforme, dont la moyenne est + 27 ou + 28° (les variations allant de 24° à 32°), et par l'extrême abondance des pluies. La moyenne hygrométrique y est, à la

Guyane, de 90 environ; le nombre des jours de l'année où il pleut, est d'environ 270, la hauteur annuelle de l'eau pluviale de 3 mètres. Comme conséquence immédiate de cette abondance de pluie, la lumière n'est pas très abondante, le nombre des jours couverts ou très nuageux étant très considérable, et dans les journées sereines une demi vapeur voilant le ciel de 10 h. à 3 h. L'extrême uniformité de la température prouve que l'atmosphere y est peu transparente; d'un jour sombre à un jour serein le thermomètre ne varie guère au milieu de la journée que de 27° à 30°.

Les faits agricoles les plus saillants de cette région sont:

La facile et vigoureuse végétation des arbres, même sur un sol médiocre. Le sol est presque partout naturellement couvert de forêts épaisses et élevées, conservant une éternelle verdure;

La facile et belle venue des arbres à fruits et des arbustes cultivés, qui prennent un épais feuillage, mais ne fleurissent et ne fructifient pas toujours aussi abondamment qu'on pourrait l'espérer. Ex.: le café, le coton surtout;

La végétation moins productive des céréales et des légumineuses à grains farineux des pays chauds. Le maïs, le riz, le sorgho, les pois divers, n'y ont pas un rendement aussi satisfaisant que dans les climats un peu moins humides et plus riches en lumière, et y exigent impérisusement un sol plus fertile, refusant de prospérer dans une terre médiocre qui ailleurs leur suffirait;

Le caractère peu nutritif des plantes fourragères, l'herbe naturelle des savanes et même l'herbe plantée n'ont qu'une faible valeur alimentaire;

Le prompt épuisemont du sol qui, lavé par des pluies continuelles, perd rapidement son humus et ne conserve une fertilité durable que dans des conditions particulières, par exemple dans les alluvions vaseuses du littoral et sur quelques formations géologiques très favorables à la végétation;

La difficulté de l'élève et de l'entretien du bétail, là surtout où l'on n'a pas de montagnes à son voisinage;

L'abondance des mauvaises herbes qui pullulent dans les cultures et exigent de fréquents sarclages;

L'abondance des insectes destructeurs, surtout des fourmis et des termites;

La prompte détérioration des bois de construction qu oblige à n'employer que certaines essences de choix.

Le climat équatorial est moins caractérisé dans les îles que sur les continents, moins sur le littoral occidental des continents que sur le littoral oriental. Dans les lieux où le sol se relève en montagnes ou en plateaux élevés, il est eviden que le climat change tout à fait; mais nous ne parlerons en ce moment que des terres situées à une faible latitude.

La race noire paraît de beaucoup la plus apte au travail agricole dans les contrées équatoriales; les races équatoriales américaines (Guyane et vallée des Amazones), et même les races malaises (côtes de Sumatra et de Java), habituées à vivre, en forte partie, de pêche et de chasse, ou au moins de pêche, ne peuvent fournir qu'une médiocre quantité de travail musculaire et réclamant une nourriture, en forte partie animale, qu'il est difficile de leur fournir dans des pays où le bétail ne s'élève pas bien.

Zone tropicale. — Si l'on écarte dans l'espace qui sépare les tropiques la bande équatoriale, on a le climat intertropical proprement dit.

La chaleur y est à peu près aussi élevée que sous l'équateur, mais elle est beaucoup moins humide et, par conséquent, le ciel est plus éclairé. Les pluies sont encore abondantes et fréquentes, sauf sur quelques contrées voisines des déserts de l'ancien continent (rive droite du Sénégal), et, à un moindre degré, dans quelques provinces de l'intérieur de l'Amérique du Sud, sauf encore dans des localités situées sous le vent de grandes chaînes de montagnes, comme la côte du Pérou.

L'humidité insensible de l'air, encore considérable, atténue l'effet du manque de pluie, quand elle reste longtemps sans tomber. La moyenne hygrométrique de l'île de Cuba, pour citer un exemple, est de 88° (Poey) ; dans l'intérieur des continents elle serait plus faible.

La végétation arborescente n'est plus aussi exclusivement prédominante que sous la ligne ; si d'épaisses forêts couvrent certains emplacements, et en particulier les vallées des fleuves et les pentes des basses montagnes, beaucoup d'endroits ne portent que des bois clairs, où quelques grands arbres sont mêlés d'arbustes et de buissons, de grands espaces se couvrent de hautes herbes mêlées ou non de bouquets d'arbustes. Si la verdure des forêts est éternelle sur les côtes, dans l'intérieur des continents on les voit, dans des localités sèches, perdre pendant une saison leur feuillage, comme au Brésil par exemple.

Les arbres à fruits et les arbustes ne croissent plus aussi vite et aussi haut, mais quelques-uns rapportent davantage.

Les céréales des pays chauds et les légumineuses à grain farineux rendent plus abondamment et se contentent d'un sol d'une fertilité moindre ; leur maturité est plus régulière et plus simultanée. La garde des récoltes en provision est plus facile.

L'herbe est plus nourrissante.

Le bétail s'entretient mieux et on obtient plus facilement du travail des animaux.

Les terres conservent mieux leur fertilité et se prêtent mieux à être labourées à la charrue, à être entretenues par les engrais.

Dans beaucoup de contrées, là surtout où le climat est plus sec, ou bien là où s'élèvent des chaînes de basses montagnes, le bétail, quoique souvent peu soigné, s'est multiplié d'une manière remarquable. Ex. : Sénégal, Benguela, côte orientale d'Afrique, Madagascar, Inde et Indo-Chine.

Des races humaines d'une constitution moins robuste que

les noirs, les Indiens, les Malais, les naturels des Philippines supportent, sans souffrir, les travaux agricoles.

C'est sous cette zone que la France possède ses colonies les plus prospères, la Réunion et les Antilles. C'est sous cette zone que Cuba, le Brésil méridional, et d'autres contrées florissantes offrent à l'admiration des voyageurs leur riche agriculture.

Zone juxtatropicale. — Cette zone, qui s'étend de 25° lat. à 31° et même 32°, forme la transition entre les pays chauds et les pays tempérés, dont elle partage les caractères et dont elle admet la plupart des productions.

L'année commence à y offrir une saison réellement fraîche pendant qu'elle présente (dans au moins plusieurs contrées) des chaleurs d'été très-étouffantes et un climat momentanément plus fatigant et plus insalubre que celui des latitudes équatoriales. C'est alors qu'on observe par moments des températures de 37°, 40°, 44°, et, dit-on, même de 48° cent. (Nouvelle-Hollande, Inde, Sahara, Sénégal, Haute-Égypte ; la moyenne annuelle n'étant cependant que de 22°, 23° ou 24°.

L'air est beaucoup plus sec qu'entre les tropiques et, sous l'influence des grands mouvements de l'atmosphère (c'est sous ces latitudes que se croisent les grands courants généraux), il subit de fréquentes et grandes variations de température et d'hygrométrie.

Le ciel est très-éclairé, et c'est peut-être sous ces parallèles que l'illumination solaire est la plus puissante.

La quantité des pluies et leur distribution varient beaucoup. Le climat est suffisamment pluvieux en Louisiane, en Californie, dans les provinces extra-tropicales du Brésil, Saint-Paul et Sainte-Catherine, dans la Chine méridionale et au Japon; il reçoit encore des pluies, quoique plus rares, en Australie, à Natal (côte orientale d'Afrique), dans l'Inde, aux Canaries. — La sécheresse est au contraire extrême au nord du Chili, en Egypte et dans le Sahara. Ici comme dans les

États-Unis du Sud, les pluies surviennent, en été surtout, et se produisent dans de gros orages ; là, elles ne viennent qu'en hiver : Sahara, Palestine.

La végétation naturelle est formée plus généralement d'herbes ou de plantes basses, sousfrutescentes, mêlées de buissons et d'arbustes, quoique çà et là, notamment sur de basses montagnes ou dans des localités pluvieuses, se montrent des forêts (Canaries, anciennes forêts de Madère, Louisiane, Californie..., etc.).

La zone juxtatropicale admet dans ses cultures beaucoup de plantes intertropicales, mais ne leur assure pas la plénitude de leur développement. Les arbres à fruits des pays chauds ne poussent plus ou viennent chétifs ; la canne souffre d'un climat trop frais et d'un été trop court, le bananier, l'ananas souffrent de la sécheresse de l'atmosphère et ne viennent que dans quelques localités, souvent dans quelques jardins.

L'irrigation devient une pratique agricole nécessaire.

Le coton, l'arachide, le sésame, le sorgho, réussissent particulièrement sous ces latitudes. Ce sont des plantes qui veulent à la fois de la chaleur et de la lumière et qui, après avoir reçu des pluies mêlées d'alternatives de soleil pour développer leurs pousses et leurs feuilles, demandent un beau temps assuré pour fleurir et mûrir leurs graines,

La belle venue des plantes des pays tempérés n'est non plus ni générale, ni facile ; elle est souvent subordonnée à certaines circonstances locales. Le blé et l'orge réussissent surtout là ou le climat est sec et où les pluies tombent de préférence l'hiver : Palestine, Algérie. C'est en Egypte que la culture d'une espèce de trèfle s'avance le plus au midi. Le riz réussit mieux là où l'humidité est plus grande : Caroline, Louisiane. Beaucoup de légumes ne poussent qu'en hiver : salades, petits pois, oignons... et, parmi les arbres à fruits : le figuier, le pêcher, l'amandier, l'abricotier, la vigne, le mûrier, le grenadier paraissent prospérer plus facilement.

Je ne sais pas bien comment l'olivier s'y comporte et qu'elle est la limite méridionale de culture de cet arbre à qui la chaleur humide est si antipathique; c'est sur la côte du Chili et du Pérou qu'il paraît s'avancer le plus vers l'équateur. Le dattier prospère dans les climats chauds et secs.

La terre paraît conserver longtemps et facilement sa fertilité, et, si l'on peut irriguer, on tire de bons produits d'un sol même médiocre.

Les insectes exercent de grands ravages, mais ce ne sont plus ceux qu'on redoute sous l'équateur, les fourmis; ce sont à leur place les sauterelles et les chenilles.

Le bétail se multiplie et prospère là même où l'on a pour lui peu de soins. Le Sahara, l'Abyssinie, l'Arabie, l'Australie, le Cap, l'Algérie, possèdent de nombreux troupeaux. On y remarque des races remarquables par leur vigueur et leur rusticité, sinon par leur taille. Les chaleurs de l'été exercent cependant une influence nuisible sur les animaux et causent souvent de grandes mortalités. Les abcès du foie ne sont pas rares chez le bœuf, et les races de bêtes à cornes sont de petite taille. Le chameau est propre à ces régions, là où le climat est sec et où le sol est convenable.

Les races humaines de la zone juxtatropicale sont très-particulières, et n'appartiennent précisément ni aux types des régions tempérées, ni à ceux des terres intertropicales, quoiqu'ils se rapprochent des uns et des autres. Dans l'ancien continent, les Guanches, les Berbères, les Egyptiens, les Arabes, les Hindous du nord de l'Inde, sont un sous-type important de la race blanche. Au Cap, les Caffres et les Hottentots, malgré leur teint très-foncé, sont très-distincts des populations noires qu'on trouve en remontant au nord. Les Chinois des provinces méridionales diffèrent sensiblement de ceux de Pékin. Les Australiens et les Tasmaniens diffèrent des races mélanésiennes des grandes îles de l'Archipel indien.

Les régions juxtatropicales se fondent par transition d'une part avec la zone tempérée chaude, et de l'autre avec les contrées intertropicales voisines du désert. Le nord de l'Afrique, le midi de l'Espagne, la Sicile, la Syrie et de l'autre côté du Sénégal, le sud de l'Arabie, les provinces N.-O. de l'Inde, sont des exemples de ces transitions.

Influence des montagnes et des plateaux élevés sur le climat dans les pays chauds. — On sait que la température s'abaisse rapidement à mesure qu'on s'élève sur les montagnes; que, dans les pays chauds, on trouve, à une certaine hauteur, des climats tempérés, et, plus haut, des froids rigoureux. Mais si l'on voulait aller au-delà de cette affirmation générale et apprécier plus exactement les climats, il faudrait entrer dans de grands détails, et ce serait un sujet de recherches spéciales, car tout, sur ce point, est loin d'être encore connu. En général, les grands coteaux et les petites montagnes, entre 500 et 1,500 m., sont, dans les pays chauds, pluvieux et couverts de forêts, à moins qu'ils ne soient sous le vent de chaînes plus élevées, ou situés tout au moins fort avant dans un continent. Les plateaux qui s'étendent sur une surface suffisante à des hauteurs de 1,500 à 2,500 mètres, sont ordinairement moins pluvieux que les vallées chaudes qui les traversent, et jouissent d'une illumination solaire plus intense. Leur climat est très-tempéré, et ils admettent la plupart des plantes du Nord, notamment les céréales, comme on le voit à la Nouvelle-Grenade et au Mexique. Le défaut de révolution des saisons doit cependant y modifier la pratique agricole. Plusieurs arbres à fruits n'y réussissent pas. Plus haut encore, on trouve les climats les plus froids et les plus rigoureux, les gelées nocturnes contrarient la culture, et la terre, là où elle est trop froide, ne peut fournir que des pâturages. La neige éternelle commence vers 4,500 mètres.

Climats tempérés.—J'ai peu à parler des climats tempérés, ils sont étrangers à une revue agricole coloniale, et les caractères généraux de leur agriculture sont si connus, qu'il serait banal et superflu de les exposer avec quelque détail.

La zone tempérée chaude, ou la région des olivers, comme on l'appelle en Europe, s'étend de 34° à 44° (ailleurs 40 42, et moins encore dans l'Asie orientale). Elle est remarquable, surtout dans l'ancien continent, par l'éclat lumineux de son ciel, la rareté de ses pluies. Un hiver tiède, malgré quelques jours de gelée, permet aux plantes de couvrir le sol de verdure, et l'ardente sécheresse de l'été dénude les coteaux et les plateaux. Les céréales ont généralement une forte végétation, mais leur produit, subordonné à la venue de pluies incertaines, est souvent éventuel. Le grain acquiert une richesse particulière en gluten, le rendement dans les bons sols et les bonnes années s'élève à des chiffres très-élevés; la paille est plus nutritive que dans les pays plus septentrionaux. L'année comporte le plus souvent deux récoltes différentes.

Le maïs y trouve une température favorable à sa végétation, et là où il reçoit assez d'humidité, il y pousse avec force. Cependant, comme me l'a fait judicieusement observer M. Madinier, les mêmes latitudes dans l'ancien monde ne lui conviennent pas aussi généralement et aussi bien que l'Amérique, et particulièrement les États-Unis, où les pluies d'été sont beaucoup plus abondantes.

L'olivier, la vigne, le mûrier poussent au milieu des champs, sans que leur ombre nuise à la végétation de plantes annuelles intercalaires.

La luzerne, quand elle est arrosée, fournit cinq et six coupes. En général, les bons sols, quand on peut les irriguer, produisent beaucoup plus que dans le nord, mais les terres médiocres des plateaux sont d'une culture très-incertaine; la récolte y souffre considérablement et même y fait défaut, quand les pluies ne sont pas venues à point.

L'élève du bétail est restreint par la pénurie des fourrages, et les troupeaux, malgré les ressources que le pâturage des montagnes peut offrir, sont loin d'être en rapport avec l'étendue du sol et le chiffre de la population.

La fumure, quand on peut arroser, semble un peu moins nécessaire que dans le nord.

Les pays tempérés proprement dits, 44° à 55°, ailleurs 35 à 50, sont le théâtre de l'agriculture la plus perfectionnée dans l'Europe occidentale et centrale, favorisée de pluies plus abondantes et d'hivers moins rigoureux. La culture des céréales, des fourrages artificiels, des racines, des légumes, y prend son plus grand développement. Les terres incultes s'y rétrécissent ou disparaissent même. Les troupeaux y prennent, relativement à la surface du sol, le chiffre le plus élevé, et les races les plus perfectionnées s'y produisent.

Les terres situées sous ces mêmes parallèles en Asie semblent empêchées par un vice irremédiable de climat de s'élever à une semblable prospérité, quoique les progrès en civilisation de leurs habitants puissent les porter un jour à un état de richesse bien supérieur à celui qu'elles montrent aujourd'hui.

Les régions froides ou subglaciales ont peu d'intérêt agricole. Elles comprennent les terres boréales et les hautes montagnes, qui ont un climat assez analogue, quoique une autre distribution des jours et des nuits y constitue une modification importante. Ces contrées admettent peu ou plutôt n'admettent point de cultures. Une herbe courte, mais très-nourrissante pour le bétail, de belles forêts d'arbres verts, là où la température n'est pas trop âpre et où l'atmosphère a une suffisante humidité, une pêche et une chasse fructueuse dans les terres polaires, sont les dédommagements qu'offre la nature aux populations généralement pauvres des climats glacés. Là où les montagnes ne sont pas habitées, elles sont utilisées pour pacages.

Nous avons rapidement esquissé les caractères agricoles essentiels des diverses zones du globe, tableau fécond en contrastes singuliers. Avant de chercher l'explication théorique de ces différences de productions, citons cette belle parole de M. de Gasparin : « le Monde est un tout dont chaque partie est liée à toutes les autres par des liens nécessaires et malheureusement méconnus. » Espérons que ces liens longtemps méconnus ne le seront pas toujours, et qu'au double profit de la science et du bien-être de l'humanité ils seront peu à peu mis en lumière.

Explications théoriques. — Jusqu'ici les climats ont été considérés plutôt dans leur aptitude à produire telle ou telle plante particulière que dans leurs forces productrices générales. On sait où commencent au Nord et où s'arrêtent au Midi l'orge, l'avoine, le blé; de quel parallèle à quel autre parallèle s'étendent la vigne, l'olivier, le bananier, la canne à sucre, le manioc, le café, le cacao; mais les agronomes ont encore peu cherché à voir si, sous la variété de plantes différentes, ne se cachait pas une aptitude plus générale et plus abstraite de la nature à donner certains produits; si de grandes lois de chimie agricole n'existaient pas derrière cette diversité de végétaux; si l'aptitude à la production du ligneux, du sucre, de la fécule, du gluten, de l'albumine végétale, des huiles, n'était pas en relation réelle avec la richesse des climats en chaleur, en humidité et en lumière. C'est ce que nous allons chercher à examiner. Marquons d'abord dans la succession des climats, de l'équateur au pôle, trois stations bien tranchées; nous voyons la végétation s'y accomplir dans les conditions suivantes :

Zone équatoriale : beaucoup de chaleur, humidité énorme, lumière modérée ou médiocre.

Région désertique et climats tropicaux avoisinants : beaucoup de chaleur, humidité faible, lumière très intense.

Pays tempérés : chaleur modérée ou médiocre, humidité modérée, lumière intense.

Cherchons à nous rendre compte de l'influence sur l'organisation des végétaux de ces conditions climatériques, et observons sous chacune de ces zones le développement d'une plante, non pas d'une espèce botanique déterminée, — il n'en est pas une seule qui pousse bien et légitimement sous plusieurs à la fois, — mais d'une plante en général.

Avec beaucoup de chaleur, beaucoup d'humidité et une lumière modérée ou même médiocre, la plante pousse très vite, mais l'expiration de vapeur d'eau par ses feuilles n'est pas considérable, un air déjà très chargé d'humidité ne pouvant pas en prendre beaucoup au feuillage, et le feuillage rarement frappé par des rayons solaires, directs, intenses et prolongés, n'étant pas stimulé à une expiration plus abondante par les rayons calorifiques qui sont toujours mêlés aux rayons lumineux. Il en résulte que les sucs puisés dans le sol par les racines n'éprouvent qu'une faible concentration dans les feuilles et s'y organisent en cet état en tissus nouveaux.

Les plantes sont plus aqueuses, on le comprend sans peine, et en outre elles contiennent une moindre quantité d'albumine végétale relativement au poids du ligneux. En effet, l'eau puisée dans le sol contient en dilution très étendue les matériaux alibiles dont les tissus se forment, les uns généralement plus abondants carbonés, les autres plus rares azotés, et si une concentration suffisante ne s'opère, concentration dans laquelle il y a vraisemblablement une certaine quantité d'acide carbonique exhalée, les tissus ne peuvent être riches en albumine.

Il ne faudrait pas induire de là que la même espèce, cultivée simultanément dans les pays tempérés et sous la ligne, puisse changer de composition chimique. La composition chimique, comme la forme, est inhérente à la vie; elle ne pourrait changer sans que la vie ne cessât, et les minimes variations qu'elle peut éprouver dans quelques circonstances s'opèrent sous des lois encore presque inconnues. C'est dans la végétation différente de l'une et l'autre région, ou plutôt dans la somme des végétaux de l'une et l'autre que cette diversité de composition se constate. C'est parce que les végétaux des diverses zones de la terre ont des caractères généraux différents d'organisation anatomique et de composition chimique, qu'ils sont parfaitement adaptés, tels à un climat, tels à un autre.

Passons immédiatement aux pays tempérés. Une plante y croît par une température modérée ou même médiocre, une humidité moyenne et une lumière intense. Dans ces conditions la végétation est moins précipitée et moins luxuriante que sous l'équateur, mais les feuilles peuvent expirer la vapeur d'eau avec plus d'activité; des racines, plus considérables relativement au développement des feuilles que dans les plantes équatoriales, réparent incessamment ces pertes, et dans un même poids de tissu végétal formé se condense une plus grande quantité de l'humidité du sol. Une puissante insolation fournit à l'assimilation organique de ces matériaux nutritifs, le concours de force physique nécessaire et les végétaux contiennent plus d'albumine végétale relativement au poids du ligneux.

Dans les climats chauds et très secs, riches en lumière, l'exhalation de vapeur d'eau par les plantes est active. L'herbe n'est pas élevée et le développement des racines relativement aux feuilles est très considérable. Les feuilles elles-mêmes dans les plantes sauvages de ces régions sont généralement petites et organisées de manière à ne pas éprouver de déperdition exagérée d'humidité; dans d'autres formes végétales, les plantes grasses, cactus, aloès, mesembryanthemum, elles sont revêtues, pour la même raison, d'un épiderme très épais. L'herbe des pays chauds et secs est très nourrissante, et le pays, pour peu qu'il ait quelques pluies ou qu'on puisse irriguer, est propice à la culture de certaines céréales, du sorgho, du riz, quelquefois du blé, peu propice au contraire à la végétation des forêts.

L'influence sur le sol lui-même de ces divers climats est facile à apprécier.

Sous l'équateur, d'énormes pluies le lavent, lui enlèvent ses principes salins et détruisent promptement son humus. Dans un nouveau défriché de forêts, ce ne sont pas deux ou trois récoltes qu'on enlève qui épuisent la terre, c'est l'action combinée de la chaleur et des pluies.

Dans les pays chauds, mais moins excessivement humides, le sol se conserve mieux et comporte plus facilement une culture permanente.

Dans la zone chaude et sèche, il se conserve très bien, et, partout où on peut l'arroser, il se montre suffisamment fertile.

Dans les terres tempérées, la terre garde facilement sa fertilité et se prête naturellement à une culture permanente. L'hiver de ces climats aide lui-même à cette fertilité durable par le repos qu'il impose à la végétation et l'action de désagrégation que la gelée exerce sur les roches géologiques; l'été, avec ses chaleurs sèches et ses puissants orages, y aide aussi, et de courtes jachères ont, pour réparer une terre fatiguée, une efficacité qu'elles n'auraient en aucune manière sous l'équateur. La qualité nourrissante de l'herbe, même venue sur un sol médiocre, et la vigoureuse et facile santé du bétail permettent non-seulement d'entretenir, mais même d'améliorer la terre en la cultivant, par l'engrais, les labours et de bonnes rotations de cultures.

Remarquons encore que là où l'humidité est modérée, les plantes, exhalant plus d'eau par leur feuillage et en filtrant dans leur tissu une plus grande quantité, peuvent mieux utiliser des terres même médiocres. Tel champ épuisé à la Guyane ne le serait nullement s'il pouvait être transporté sous un climat moins excessivement humide.

Nous devons encore indiquer en quelques lignes l'effet général des climats sur le développement des animaux et particulièrement du bétail; car le bétail est si intimement lié à la pratique et à la prospérité de la culture, qu'il est impossible d'apprécier justement le caractère agricole d'une région, si on n'y étudie aussi soigneusement la bonne venue des animaux que la belle végétation des plantes. Mais ici, il faut avouer que l'explication théorique des faits ne peut guère se tenter. Le tempérament des animaux est infiniment plus complexe que celui des plantes, plus varié d'une espèce à l'autre, plus fécond en réactions contre les causes de destruction. Le développement des phénomènes vitaux est chez eux en relation bien moins directe avec les agents extérieurs.

Si obscure que soit la matière, nous pouvons toutefois entrevoir quelques propositions générales.

Le climat équatorial est éminemment propice au développement des insectes et des reptiles, ou en général des vertébrés à sang froid; il est peu favorable à celui des mammifères vivant de pâture.

Les climats tempérés sont éminemment propices à la vigueur et à la multiplication des mammifères vivants de pâture.

Les climats chauds et secs, sans leur être tout à fait aussi favorables, les admettent encore bien. Plusieurs espèces, comme le chameau, le zébu, certaines races de mouton, y prennent leur plus légitime développement.

Sous l'équateur, le porc seul semble jouir de la plénitude de sa santé; la chèvre réussit dans quelques localités et dans quelques conditions; le bœuf réussit aussi, mais dans quelques conditions encore. Le cheval est très débilité et réclame beaucoup de soins; le mouton vient mal, et quoiqu'on en élève quelques individus, il est impossible d'y constituer de grands troupeaux. C'est en nourrissant très bien les animaux, en choisissant pour eux des localités salubres, en leur fournissant de bons abris, en leur demandant très peu de travail musculaire qu'on les protége contre l'action énervante et délétère du climat. Tous ont une propension à l'anémie, tous sont sujets aux hydropisies, à la dyssenterie, aux vers intestinaux, aux maladies de la peau; tous souffrent beaucoup des insectes, et de temps à autre de grandes épidémies les déciment. Les règles d'hygiène que le médecin donne aux Européens qui viennent habiter la zone équatoriale, sont de tout point applicables au soin des animaux domestiques.

Le buffle, animal de pays chauds et de pâturages marécageux, serait peut-être d'une rusticité remarquable dans toute cette région, et il serait fort à désirer qu'on tentât son introduction à la Guyane.

Si peu qu'on sorte de la zone équatoriale et qu'on s'élève entre les tropiques à des latitudes où l'humidité diminue, l'état des animaux s'améliore rapidement.

Pendant que les régions tempérées paraissent la patrie préférée de la plupart des animaux domestiques, les contrées polaires et les climats glacés des très hautes montagnes semblent leur mal convenir ou ne pas leur permettre leur plein développement. La taille y diminue, le pelage s'y modifie, des espèces particulières tendent à y remplacer les animaux de climats plus doux. Le renne, l'yak, le lama se complaisent sous cette âpre température. Le grand développement des poissons et des cétacés dans les mers polaires est probablement lié au grand développement des protozoaires dans les mers intertropicales et aux courants qui les y portent.

Des recherches bien et patiemment suivies sur l'influence des climats sur les animaux conduiraient certainement à beaucoup de propositions originales et fécondes de physiologie, mais ce serait l'œuvre de la vie d'un homme de constituer à cet égard même les premiers éléments de la science. Il est digne de remarque que,—pendant que les climats où la chaleur et l'humidité prédominent sur la lumière sont propices à la multiplication des animaux à sang froid et des insectes, et que les pays où la lumière prédomine sont riches en mammifères,—le caractère physiologique le plus général des races humaines des pays intertropicaux soit une moindre abondance du sang et une moindre richesse des réseaux capillaires, une peau moins irritable, moins perméable à la transpiration et à l'absorption, un épiderme plus épais, l'aptitude à se nourrir de fruits et de racines plus pauvres en azote que les aliments des pays tempérés, enfin une nutritivité plus puissante et une moindre activité du système nerveux.

Ces propositions théoriques étant posées, repassons la suite des climats.

J'insisterai particulièrement sur le climat équatorial, tant parce que c'est celui qu'il m'a été donné d'habiter et d'étudier pendant plusieurs années, que par cela même qu'il a un caractère extrême et un type fortement accusé, il est en théorie agricole digne de la plus haute attention.

J'ai montré que les considérations les plus simples de physiologie végétale nous conduisaient à prévoir que, dans les pays équatoriaux, les tissus des plantes ne pouvaient pas en général être riches en azote. Il est facile de réunir des faits qui l'établissent.

Le peu d'analyses chimiques de plantes des pays chauds que nous possédons parle en ce sens.

L'herbe de Guinée, *panicum altissimum*, analysée récemment à Java, est pauvre en azote : Az., 0,204 pour 100.

Le manioc, analysé par M. Payen (de l'Institut), n'est pas une plante bien riche en azote (tubercule, d'azote 0,18 pour 100); sa farine est plus pauvre encore, une forte partie de l'albumine végétal passant avec le suc quand on presse la racine râpée, ou restant dans l'écorce qu'on gratte et qu'on enlève. La quantité d'azote est faible en raison, d'un côté, de la grande quantité de ligneux et d'amidon que contient le tubercule ; de l'autre, de la longue durée de végétation de la plante, qui ne mûrit guère qu'en deux ans.

L'igname est encore moins riche.

La banane n'est pas bien azotée ; on y a trouvé : Az. 0,22 à 0,24 pour 100 (Dr Schier) ; c'est un chiffre peu élevé, si l'on considère que c'est une plante qui ne vient que sur un sol très riche, et qu'au moment où le régime arrive à maturité, la tige et les feuilles éprouvent une atrophie qui marque la concentration dans les fruits des sucs végétaux et notamment de l'albumine végétale.

La canne, qui est une plante de bon sol, ne contient qu'une assez faible proportion de matières albumineuses.

Le papayer est au contraire très azoté, mais c'est un arbre d'un faible développement et qui ne réussit que dans un sol très riche, autour des cases.

La plupart des matières alimentaires de la Guyane, racines et fruits, dégagent quand on les brûle une odeur empyreumatique de sucre brûlé et non l'odeur de la corne brûlée; elles pourrissent sans prendre une odeur très fétide, signes certains de pauvreté en azote. La farine de manioc, principal aliment du pays, est d'une valeur nutritive très faible. Les poules la mangent avec peu d'avidité, et sitôt qu'on leur donne au lieu d'elle du maïs, on voit leur ponte doubler.

L'herbe est peu nutritive pour le bétail, et qui peut croire que si l'expérience ne l'eût parfaitement établi, on eût imaginé et conservé à Cayenne l'usage de donner aux chevaux que l'on veut soigner une partie de leur ration en foin sec venu de France? En général, l'herbe est d'une couleur plus claire, d'un vert tirant plus sur le jaune que celle d'Europe. Mais ce qui est très remarquable, c'est le degré différent de valeur alimentaire des herbes qui poussent naturellement dans des sols d'inégale fertilité. Je dois beaucoup, pour l'intelligence de ces questions importantes, aux remarques solides et ingénieuses de M. Hérard, médecin vétérinaire de la colonie, à qui la science sera sans doute un jour redevable d'importants travaux. Il me fit observer que l'herbe n'était nourrissante que sur les bons terrains, et que les bestiaux ne prospéraient généralement que dans des pâtures étendues.

Commentons ces deux propositions :

Les pâturages du bord de la mer, qui sont avec raison regardés comme les meilleurs à la Guyane, reposent sur un sol où les plantations de vivres réussissent bien, où le cocotier, le coton prospèrent, et quoiqu'une partie des bons résultats que l'élève du bétail y donne puissent y être attribués à la salure du sol, à la salubrité de la brise de mer, la fertilité de la terre y est aussi pour beaucoup. Au contraire, les savanes de l'intérieur, enclavées dans les forêts, assises sur un sol argileux stérile, sont de la plus mauvaise nature, et on a vu y dépérir promptement des bestiaux tirés de meilleures pâtures qu'on y avait amenés. Le pâturage des anciennes cultures en terres basses abandonnées faute de bras, mais restées fertiles comme le restent les bonnes terres basses, est avec raison regardé comme très nourrissant.

Les habitants qui possèdent quelques têtes de bétail sur des habitations nouvelles qu'ils établissent en défrichant des forêts, savent que la pâture des herbes tendres et vigoureuses qui s'élèvent d'un sol vierge les entretient dans un bel état de santé; tandis que les bêtes nourries sur l'emplacement d'anciennes cultures où de hautes herbes dures et sèches couvrent une terre argileuse, stérile et épuisée, maigrissent et dépérissent rapidement. C'est le propre des climats équatoriaux de produire des arbres et de hautes herbes sur des terres même très mauvaises; mais ces herbes, venues sur un sol infertile, n'ont presque aucune valeur alimentaire, le bétail ne la mange souvent même pas, et si sur un tel terrain on plantait des herbes utiles, elles n'y végéteraient que misérablement. Le iapé (*imperata Kœnigii*) et la queue de biche (*andropogon bicorne*) sont des types de ces herbes inutiles. Je me suis convaincu par l'expérience que, de même qu'elles ne peuvent pas nourrir, elles ne peuvent pas servir d'engrais. Les herbes nourrissantes, comme le pied de poule (*éleusine indica*), plusieurs *panicum* ne viennent que dans de bons ou assez bons terrains. Bien mieux vaut à la Guyane l'herbe d'un sol fertile, quoique imbibé d'eau, que celle d'une terre sèche, mais stérile.

La nécessité pour le bétail d'un parcours de pâture étendu

tient à ce que les animaux, guidés par leur instinct, savent très bien choisir les plantes les plus nourrissantes et les jeunes pousses tendres, toujours plus riches en matières azotées. Dans de telles conditions, ils peuvent prospérer dans des savanes même médiocres. Mais quelle différence entre de telles pâtures et les prairies d'Europe, où les bêtes utilisent toute l'herbe jusqu'à la tenir ras du sol, vivent et s'engraissent sur de petites surfaces! Cette manière de pâturer çà et là des herbes et des pousses choisies est celle précisément des cerfs de la Guyane, ou des biches, comme on les appelle dans le pays. Je ferai remarquer que, quoique ce soit en général des graminées et des cypéracées différentes qui poussent sur les bons et les mauvais terrains, la même espèce botanique peut encore être plus ou moins nourrissante selon le sol, en cela que s'il est bon, la souche étant vigoureuse pousse en toute saison, à côté des tiges déjà hautes, de nouveaux rejets plus tendres et meilleurs.

En général, les bêtes nouvellement amenées d'Europe paissent avec une médiocre avidité l'herbe du pays et dédaignent beaucoup d'espèces, même de graminées et de légumineuses.

Autant que je puis l'apprécier par les descriptions que j'en ai lues, la supériorité des savanes des bouches de l'Amazone et de celles que l'on trouve entre la rive gauche de l'Orénoque et la chaîne côtière du Venezuela, sur celles de la Guyane, s'expliquerait aisément. Celles des bouches de l'Amazone, situées au bas d'un fleuve immense, dont les eaux charrient un limon fertilisant, reposent sur un sol plus riche; les principales, placées sur la côte au vent de l'île immense de Marajo, sont sous l'influence puissante du voisinage de la mer et ressemblent aux bons pâturages de la Guyane, dits *bords de l'anse*, connus pour leur salubrité. Quant aux llanos de l'Orénoque, leur climat est infiniment plus sec que celui de Cayenne et leur ciel est par conséquent plus éclairé; les pluies d'hiver n'y tombent pas. On retrouve en général ces deux conditions : un sol meilleur et un climat moins excessivement humide et plus lumineux dans les vallées profondes de la Nouvelle-Grenade et des Andes, localités où le bétail s'entretient beaucoup mieux qu'à la Guyane.

Ce double caractère du climat équatorial de produire facilement le ligneux et plus difficilement l'albumine végétale se traduit par la prompte et puissante croissance des arbres, végétaux généralement moins azotés que les plantes annuelles ou herbacées. Tout sol fertile ou stérile, sec ou marécageux, se couvre de bois épais ; la croissance des arbres en un semestre est le double de ce qu'elle est en une belle saison d'Europe ; elle est donc quatre fois plus forte dans l'année entière.

Au contraire, les céréales et les légumineuses à grain farineux des pays chauds n'ont que des rendements très ordinaires ou même peu élevés. Le riz, en une récolte, rapporte moins à la Mana (Guyane) que dans le Piémont, fait qui serait inexplicable si l'on ne savait combien la richesse de l'illumination solaire influe sur le produit des céréales. Le maïs, en conditions de sol ordinaires, a un rendement médiocre ; sur les plateaux, il n'y a qu'une saison qui soit favorable pour le planter : le retour des pluies. C'est effectivement à ce moment que le temps est mêlé d'averses et de jours de beau soleil, et qu'il reçoit une suffisante lumière. Dans certaines terres basses très fraîches que l'eau mouillait dans les grandes marées, je l'ai vu planter avec succès en pleine sécheresse.

Les *Annales de l'agriculture des colonies* (1860, t. II, p. 146) ont publié un Mémoire que j'avais écrit sur la végétation à la Guyane des plantes potagères d'Europe. Les faits que j'y ai relatés s'expliquent très bien par la théorie que je présente aujourd'hui. Comme elles ne peuvent dans un climat trop humide concentrer suffisamment dans les feuilles les sucs puisés dans le sol, elles exigent une terre extrêmement fumée; comme elles n'y reçoivent qu'une insolation insuffisante, elles y viennent mieux dans la saison sèche, —pourvu qu'on les arrose,—que pendant les pluies, et ne peuvent souffrir la moindre soustraction de lumière qu'un arbre placé à leur voisinage intercepterait. Si c'était purement et simplement le trop de chaleur qui les empêchait de prospérer, ne préféreraient-elles pas au contraire le temps des pluies à la saison sèche?

Je ferai remarquer combien est en accord avec les vues que je développe ce fait géographique bien connu, que le bord de la mer est sous l'équateur couvert d'arbres élevés et d'herbes touffues, végétation riche et variée qui tapisse le sol jusqu'au point où meurt la vague, tandis que dans les climats secs la plage est plus ou moins nue ou ne porte que des herbes d'une nature spéciale, aptes à supporter l'imbibition de leurs tissus par une énorme quantité de sel, comme sont les salicornes, certaines chénopodées, quelques graminées... etc. Les grandes pluies de la zone équatoriale et la moindre exhalation de vapeur d'eau que les feuilles y subissent, ne permettent qu'à une bien moindre proportion de sel de s'accumuler dans le tissu des plantes.

Nous pouvons maintenant comprendre cette économie si singulière de l'agriculture guyanaise, sujet de véritable scandale pour les agronomes européens, cette nécessité de renouveler si souvent les plantations en les changeant de place, cette mobilité des habitations qui s'élèvent rapidement dans la forêt et qui disparaissent trente ou quarante ans plus tard, cette impuissance du bétail à réparer par le fumier l'épuisement du sol, au moins sur de grands espaces, cet oubli de l'usage de la charrue, cette difficulté d'élever même sur de vastes savanes, des troupeaux importants, cette nécessité d'emprunter à la pêche la plus grande partie de l'alimentation animale. Il est évident que lorsque des pluies énormes, alliées à une haute température continue, détériorent le sol vingt fois plus vite qu'en Europe; lorsque l'excessive humidité de l'atmosphère et l'insuffisance de l'illumination solaire défendent aux plantes utiles de bien végéter, même sur une terre passable encore ; lorsque le bétail, déjà épuisé par une chaleur humide et énervante, ne trouve pour pâture qu'une herbe d'une valeur alimentaire minime, l'économie agricole des pays tempérés devient absolument impraticable.

Non-seulement l'expérience des colons de la Guyane a sanctionné les règles de leur pratique agricole, mais on peut dire encore que la saine théorie les comprend et les approuve. La culture permanente des terres basses, alluvions d'une inépuisable fertilité, le choix dans les terres hautes des veines les plus riches (terres ferrugineuses et sables-terreau), pour l'établissement des plantations d'arbres et d'arbustes vivaces, la production du manioc et des racines alimentaires sur les terres ordinaires exploitées à très longs intervalles de jachère par le défrichement des grands bois ou d'anciennes repousses de bois, la haute préférence à donner aux noirs sur toute autre race pour le travail rural; telles y seront, à tout jamais, les règles d'une pratique sage. Certainement on pourra ajouter d'utiles perfectionnements à ce qui se fait aujourd'hui, on pourra introduire l'usage des machines à vapeur pour certains travaux, notamment pour le labourage des terres basses; l'engrais pourra être appliqué dans une certaine mesure, particulièrement dans les plantations d'arbres et d'arbustes; on pourra multiplier les bestiaux en les défendant par des soins bien entendus de la fâcheuse influence du climat; mais, pour cela, le caractère général de la pratique agricole n'aura pas changé.

Rien ne serait plus intéressant que de rechercher comment la jachère forestière, c'est-à-dire le reboisement du sol, rend à une terre fatiguée sa fertilité. Il est probable que les raisons sont multiples : d'abord les arbres dont les racines pénètrent à une certaine profondeur et dont les feuilles mortes et les détritus se déposent à la surface, travaillent à constituer une couche superficielle de sol fertile, éminemment plus propice après le défrichement à la culture des végétaux herbacés et de courte durée; ensuite, il est probable que le lavage par les grandes pluies est moindre dans une forêt épaisse où le sol est pénétré d'un réseau serré de racines, que l'humus se détruit plus lentement et peut s'accumuler, là où la terre n'est pas remuée et ne reçoit pas dans l'intervalle des pluies l'action du soleil; enfin on doit croire que l'énorme multiplication des insectes, des reptiles et des oiseaux dans la forêt, est une source puissante d'engrais animal.

Du reste, dans tous les pays et sous tous les climats, on a observé que le reboisement améliore considérablement le sol.

De la comparaison à la Guyane, des rendements agricoles de diverse nature, ressortent ces faits généraux :

Rendement considérable de bois;

Rendement très élevé de sucre dans la culture de la canne en terres basses;

Rendement élevé des racines farineuses riches en amidon.

(On sait qu'en chimie organique, le ligneux, la cellulose, l'amidon, la gomme sont des produits appartenant à un même groupe naturel).

Au contraire :

Rendement peu élevé des matières oléagineuses;

(L'huile, qu'on la demande à l'arachide, au sésame ou au coco, ne saurait être produite en très grande quantité ni bien facilement sur une terre même assez bonne. Il est évident que, pour le coco en particulier, il ne faudrait pas prendre pour base de ses calculs un pied venant devant une case et profitant de la fertilité extrême que le sol y acquiert, mais un pied venu en plein champ, cas où le rendement descent au $\frac{1}{3}$, au $\frac{1}{4}$, au $\frac{1}{5}$ même de ce qu'on l'eût trouvé dans la première condition. Aussi sait-on que la population de la Guyane achète l'huile en échange d'autres produits).

Rendement généralement médiocre de graines farineuses

riches en albumine végétale et matières azotées analogues.

(Pendant que la canne, les racines farineuses, les bananes fournissent des produits abondants, le maïs, les pois ne grainent pas beaucoup, même sur un bon sol, et refusent de prospérer sur un sol médiocre).

La tendance de la colonie à produire les racines farineuses, les fruits, le sucre, le rocou, le café, le cacao, les bois de couleur, et à acheter en échange de ceux de ces produits qui peuvent s'exporter, l'huile, la viande, les farines de céréales, au lieu de les produire, dérive donc d'aptitudes naturelles, et jamais de telles habitudes de commerce ne se fussent solidement établies, si elles n'en eussent dérivé.

Je m'étendrai moins sur l'agriculture des pays intertropicaux, c'est-à-dire des contrées situées entre les tropiques considérées à l'exclusion de la zone équatoriale. Il serait superflu d'expliquer pourquoi avec des pluies moindres, une atmosphère moins excessivement humide et un ciel plus éclairé, le sol conserve mieux sa fertilité et se prête plus facilement à une culture permanente; pourquoi les forêts naturelles n'occupent plus que des espaces limités, pourquoi les céréales et les légumineuses propres aux pays chauds y ont un produit plus abondant et plus régulier, pourquoi le bétail s'y entretient plus facilement. L'interprétation théorique de ces faits avérés découle si naturellement de ce que j'ai dit de la zone équatoriale, que je ne pourrais la donner sans tomber dans de vaines redites.

Pour parler, utilement de la région intertropicale, il me paraît préférable d'y définir et d'y comparer quelques localités principales, qui y forment des types distincts, et qui par leur situation géographique, le relief de leur sol et sa nature géologique, prennent un caractère tranché. Si difficiles que soient de telles appréciations, il est utile de les tenter.

Les Antilles sont une des parties les mieux connues des terres intertropicales. En général leur sol est très riche et sous tous les climats, il serait très productif. Sur la côte des formations récentes souvent calcaires plus ou moins mêlées de détritus des roches de l'intérieur, à l'intérieur des pitons volcaniques dont les roches sous forme de cailloux très fragmentés ont formé des lits et des bancs jusqu'à la côte, dans les grandes Antilles sur quelques points des terrains d'alluvion modernes étendus; ce sont les conditions géologiques d'un sol excellent. On n'est pas surpris quand on visite ces belles îles du prompt et brillant développement que l'agriculture y a pris dès le début. Le sol, quoiqu'il ait été exploité avec plus d'ardeur que de prévoyance, et qu'on se soit longtemps peu soucié de lui donner des engrais, doit encore être considéré comme très riche. Il est néanmoins probable qu'il a considérablement changé depuis trois siècles; à mesure que les forêts ont été détruites, l'humus a diminué d'abondance, et le climat de la côte est devenu plus sec. Des localités, qui pouvaient donner autrefois le cacao et le café aussi bien que la canne, ne peuvent plus porter que la canne aujourd'hui. Pendant que s'opérait cette modification dans la nature du sol arable, sous la houe du travailleur la terre se défonçait, se nivelait, se purgeait de racines et de pierres. des chemins se créaient, des bâtiments et des usines s'élevaient, l'usage de la charrue devenait général, on employait des engrais, on introduisait le drainage. Rien ne serait plus intéressant, tant au point de vue de la pure agriculture qu'à celui de l'économie agricole et sociale, que de suivre attentivement et pas à pas cette transformation. Serait-ce sous l'influence de cette déperdition d'humus et du changement qu'a subi la pousse d'herbes des jachères, que l'élève des moutons a diminué et que la pratique, autrefois si répandue, d'en entretenir sur les habitations s'est perdue?

Les grandes Antilles sont en général plus sèches; au temps où l'agriculture de Saint-Domingue était dirigée par des planteurs européens, l'irrigation des terres était pratiquée dans plusieurs vallées. La végétation naturelle de ces îles et surtout de Cuba diffère beaucoup de celle des îles Caraïbes, indice à peu près certain d'une diversité sensible de climat.

L'éloge que j'ai fait des Antilles s'appliquerait également aux îles de la Réunion et de Maurice, à Taïti, aux Sandwich, aux Philippines, localités qui joignent à des avantages agricoles égaux, une salubrité très supérieure. C'est un caractère presque général des îles situées entre les tropiques, surtout de celles qui portent au centre des montagnes, de posséder un sol excellent, de jouir d'un climat où des pluies suffisantes et une juste proportion de jours sereins assurent à la fois assez d'humidité et de lumière. On peut assurer que leur fertilité est généralement supérieure à la fertilité moyenne des continents, et l'empressement avec lequel la colonisation les recherche est très rationnel.

Les côtes, là où elles sont hautes, coupées de petits vallons et de pentes douces, ont souvent des avantages analogues à ceux des îles. Les côtes plates sont d'une nature très différente.

Il est difficile de parler des continents; au milieu du trop grand nombre de remarques que présenterait la comparaison de pays si vastes et si divers, j'en choisirai seulement quelques-unes qui ont plus d'importance.

Les bons sols se rencontrent surtout dans les vallées profondes creusées entre des montagnes, aux bouches des grands fleuves, sur les flancs des coteaux, dans quelques formations géologiques déterminées, et sur quelques alluvions modernes ou de période géologique récente. Les vastes plaines, soit unies, soit ondulées ou coupées de coteaux, sont le plus souvent d'une médiocre fertilité. Dans les pays chauds comme dans les climats tempérés, les bonnes terres sont réellement assez rares et ne constituent que le $\frac{1}{4}$, le $\frac{1}{6}$, le $\frac{1}{10}$ de la surface du sol. Je dis les bonnes terres et non pas les très bonnes terres, celles-ci sont bien plus étroites et bien plus limitées encore.

En général, les vallées profondes creusées dans des plateaux élevés sont très-fertiles et très-avantageuses, là du moins où elles ne sont pas ravagées par les débordements des fleuves. Les vallées de la Nouvelle-Grenade, quelques vallées de la côte orientale d'Afrique et de l'Indo-Chine sont justement célèbres. Les raisons théoriques de leur haute fertilité me semblent être l'effet des eaux qui y arrivent enrichies par le lavage des plateaux et des escarpements; la nature de leur sol formé d'éléments empruntés à des roches géologiques variées, la multitude des orages et une météorologie qui n'a ni de longues sécheresses, ni des pluies prolongées sans mélange de jours sereins.

Aux bouches des grands fleuves on trouve de riches alluvions analogues aux terres basses de la Guyane, et un climat ordinairement pluvieux, surtout dans la saison chaude. Là où on peut y exécuter des travaux réguliers de desséchement, on y crée les plus riches cultures; là ou les bras manquent, où bien là où une direction générale intelligente fait défaut, elles restent incultes, couvertes d'impénétrables forêts, ou ne présentent que des cultures de riz éphémères et d'une médiocre importance, comme aux bouches du Niger.

Les chaînes de coteaux et de basses montagnes, là où le climat est plus sec, comme à la côte d'Afrique, portent une végétation plus basse et plus claire, et présentent dans les vallons et les pentes douces des terres très-fertiles et très-durables; là où le climat est très-pluvieux, comme sur la côte du Brésil, dans l'Indo-Chine, elles sont couvertes de forêts épaisses, le sol s'y épuise assez vite par la culture et les plantations d'arbres et d'arbustes y réussissent.

Les vastes plaines sont en général d'une médiocre fertilité, ou bien les bonnes terre n'y forment que quelques veines. Dans l'Inde, au Brésil, il y a de grands espaces d'une bien minime valeur.

En général, partout dans la zone intertropicale où le climat devient plus pluvieux, les forêts se multiplient, et l'agriculteur préfère la culture des racines farineuses et des plantes arborescentes; la terre s'épuise vite, le bétail s'élève médiocrement, et l'usage des jachères de reboisement domine.

Là où le climat devient sec, l'agriculture se rapproche des formes européennes; l'usage de la charrue, la pratique de certains assolements, la culture de menus grains, et même d'herbes fourragères après une récolte principale de céréales, les courtes jachères, la fumure, l'irrigation s'établissent; l'élève du bétail prend de l'importance. L'Inde, à cet égard, est un pays très-curieux à étudier.

Au point de vue de la théorie agricole des climats, l'intérieur du Brésil, entre 12° et 24° lat. austr., est très-digne d'examen. Des formations géologiques entièrement semblables à celles de la Guyane s'y étendent sous un climat beaucoup plus sec. Certes, les argiles et les sables argileux dérivés des gneiss n'y constituent pas de bien bons sols, mais la terre s'y épuise cependant moins vite, elle se prête à certains assolements. La culture du maïs et des pois y devient très-importante. Le sol ne se couvre plus de forêts épaisses, mais porte ou des buissons, ou quelques bois clairs perdant leur feuillage pendant la sécheresse, plus souvent même se couvre d'herbes et de basses plantes soufrutescentes. Le bétail s'y élève assez bien et on y a beaucoup de chevaux et de mulets.

C'est dans les contrées les plus sèches de la zone intertropicale que l'élève de certaines races de moutons a de l'importance, au Sénégal, à la côte orientale d'Afrique.

En général, on doit regarder la zone de 8° à 24° de latitude comme plus commode et plus avantageuse pour l'agriculture que les terres équatoriales.

Là où s'élèvent, dans les régions intertropicales, des montagnes isolées formant de simples chaînes ou supportant des plateaux, à une certaine hauteur, 500, 1,500, 1,800 mètres, la chaleur, quoique plus tempérée que dans la plaine, reste élevée et la végétation est toujours celle des pays chauds; on a des climats d'une température douce assez uniforme, et qui n'éprouvent pas ces grandes variations que le cours des saisons amène dans les parties même les plus chaudes de la zone tempérée. Comme je l'ai déjà dit de ces climats, les uns sont très-pluvieux (montagnes du littoral exposées au souffle des vents alisés, versant occidental des Andes..... etc.), les autres (en particulier les plateaux de quelque étendue) sont plus secs. Dans les premiers croissent généralement des forêts, dans les seconds le sol est plus découvert,

Par une température douce et humide, on voit les plantes intertropicales continuer à se développer ; mais, à mesure que la chaleur diminue, leur vigueur et leur aptitude à fructifier décroît, puis elles refusent de venir. On a noté à quelle altitude et par quel degré de température moyenne chaque espèce commence à décroître, puis cesse de pousser. Le cacao veut au moins 24° et ne monte guère que jusqu'à 4 ou 500 mètres. Le café exige moins de chaleur, il vient encore par 21°, 22° ; le manioc s'arrête vers 1,000 ou 1,200 mètres, le bananier commence à produire moins par 23° de chaleur, au-dessous de 20° il vient mal, ses derniers fruits se récoltent vers 1,000 mètres ; le bananier de Chine réussit mieux que les autres espèces dans les localités trop tempérées.

En général, il ne faut pas attacher trop de précision à ces limites, d'une contrée à une autre, d'un pic isolé au versant d'une grande chaîne, on voit la même plante s'arrêter à des altitudes assez différentes. A 2,000 mètres, c'est la végétation des plantes des pays tempérés qui commence.

Quelques végétaux semblent particulièrement adaptés à cette température douce et peu variée des montagnes de 1,500 à 2,000 mètres ; le quinquina, le coca, le thé, quelques fruits, sont de ce nombre. Les basses montagnes des pays chauds, quoique pluvieuses, conviennent généralement mieux que la plaine aux animaux domestiques (Antilles, Philippines, Java) ; cependant, les localités qui réunissent à une même température une humidité plus modérée, leur sont plus favorables encore.

Les plateaux étendus plus secs conviennent mieux aux plantes européennes, au bétail et aux habitudes agricoles des pays tempérés. La culture des céréales y descend souvent à d'assez faibles hauteurs, le maïs y prospère parfaitement. C'est sur les plateaux du Mexique que se plaisent les cactus et que la culture de la cochenille se pratique avec avantage.

Quoique la température ne subisse pas de grandes variations dans les basses montagnes des régions intertropicales, elle y est cependant moins uniforme que dans les plaines avoisinantes. Le mouvement des courants athmosphériques, la plus grande intensité des radiations, en sont sans doute la cause. L'hygrométrie athmosphérique y est moindre aussi que dans les plaines.

C'est dans les pays de montagnes que l'on peut facilement déterminer la hauteur moyenne des nuages inférieurs. En général, je crois que dans les pays chauds les nuages inférieurs courent beaucoup plus près du sol que dans les pays tempérés, ce qui doit exercer une forte influence sur la quantité de l'illumination solaire.

Les pays juxtatropicaux, c'est-à-dire les terres qui s'étendent au voisinage des tropiques, de 25 à 30° principalement, sont, comme je l'ai dit, d'une nature très-diverse, suivant qu'ils sont plus secs ou plus humides. Il est facile d'y noter deux types opposés. Dans l'un le climat est sec, les pluies tombent en automne et en hiver et manquent en été; la pratique agricole rappelle beaucoup celle des pays tempérés. Effectivement, la végétation s'accomplit dans les mois froids de l'année, avec des oscillations fréquentes de température, un mélange de jours sereins et pluvieux, qui ressemble assez au printemps de France. Dans les chaleurs de l'été ce n'est que là où on irrigue la terre, que les cultures donnent des récoltes, et alors, si humide que puisse être le sol, un air sec et un soleil ardent constituent des conditions climatériques très-différentes de celles de la zone intertropicale. Aussi les plantes intertropicales poussent-elles généralement rabougries et chétives et leur culture est-elle reléguée dans quelques jardins. Dans l'autre type, au contraire, l'été est pluvieux et tout mêlé de gros orages, comme on le voit dans les États-Unis du sud; la culture des plantes des pays chauds est alors plus facile et la terre est plus sujette à s'épuiser. Les sarclages fréquents deviennent nécessaires; l'agriculture, si bon usage qu'on fasse des machines, réclame beaucoup de bras et la race noire est hautement préférée pour le travail des champs.

Les pays chauds et secs me semblent dignes, en théorie agricole, du plus haut intérêt, et je recommande aux agronomes qui les visitent ou y résident, de multiplier les observations pour y déterminer rigoureusement :

Le degré précis d'accélération qu'y reçoit l'évolution des plantes des pays tempérés;

Le chiffre précis de leur rendement en grain, paille ou fourrage, dans des terres de fertilité déterminée;

L'effet comparé de la fumure et de l'irrigation;

L'effet comparé des engrais chimiques, du fumier, du terreau, et de l'enfouissage en vert;

L'efficacité de la culture jardinière pour y assurer en plein été la végétation des légumes d'Europe;

L'efficacité de la même culture pour donner un beau développement aux plantes des pays chauds qui n'y poussent pas en plein champ;

La richesse en azote de l'herbe des pâturages;

La valeur alimentaire et la force de végétation de l'herbe des marais, dont on rencontre toujours quelques-uns, soit dans des dépressions du sol, soit sur les bords des fleuves;

La part d'influence du climat et de la constitution géologique du sol dans les efflorescences salines qui se produisent souvent à la surface du sol.

Je n'ai pas à m'étendre sur la théorie agricole des pays tempérés, sur le lien étroit qui unit leur pratique de culture à la nature de leur climat. Là où la lumière prédomine sur la chaleur et l'humidité, la terre garde d'elle-même longtemps sa fertilité et se prête parfaitement à une culture permanente, l'herbe est éminemment nourrissante, et fournit, même dans ses repousses d'automne, un utile pacage, le bétail jouit de sa plus belle santé, et fournit sans peine la viande, le lait, l'engrais et le travail, en échange de l'herbe, des racines et des menus grains qu'il consomme. Si je n'ai pas à développer les explications générales qui découlent de ce que j'ai dit précédemment, je puis donner quelques remarques sur des points particuliers.

La relation, qui lie la prédominance de la végétation arborescente avec une humidité suffisante et soutenue, se retrouve dans les pays tempérés dans ce fait bien connu, que là où le sol retient bien l'humidité, ne dessèche jamais trop, il est très propre à porter de belles forêts, quand même il est peu fertile, tandis que des sols pierreux et brûlants, bien que fertiles, conviennent très mal aux arbres. On la retrouve encore dans ce fait vulgaire, que des deux versants d'un côté pierreux, celui du nord porte souvent un bois vigoureux, celui du midi restant nu ou ne présentant qu'une herbe courte ou quelques broussailles.

La relation qui lie la valeur nutritive de l'herbe à la prédominance de l'action de la lumière sur celle de l'humidité se retrouve dans les faits suivants :

Le foin d'une année très-humide, eut-il été récolté par un beau temps, entretient médiocrement le bétail.

L'herbe très courte des pelouses sèches, fréquentes sur les coteaux calcaires, a une haute valeur nutritive et les moutons prospèrent singulièrement à la pacager.

L'herbe des terrains marécageux est généralement médiocre.

Dans des pâturages différents, ce sont d'autres herbes, d'autres espèces botaniques qui poussent; mais ces espèces y poussent précisément parce que leur composition et leur structure est en rapport avec les forces productrices du sol et du climat. Les terres stériles et non imbibées d'eau n'ont pas dans les pays tempérés, de ces hautes herbes d'une valeur nutritive presque nulle qui y poussent sous l'équateur; elles ne portent au contraire que des gazons courts et clairsemés, et c'est parce qu'elles donnent peu d'herbe que cette herbe est encore assez nourrissante.

La végétation des marais d'Europe varie beaucoup suivant le sol et le climat. Les marais formés par un sol alluvionnaire très riche de sa nature, mais gâté par une imbibition d'eau excessive, poussent de hautes herbes touffues, et donnent un foin abondant, mais de médiocre qualité; les marais sur un sol granitique, ou sur un sable siliceux pur, poussent des herbes fines et peu serrées, mêlées de mousses et de sphagnums, fournissent peu de foin, et du foin très médiocre. Ce n'est que dans des terres très riches et d'une humidité suffisante, mais point excessive, que la terre fournit à la fois suffisamment d'herbe, et une herbe de bonne qualité. Aussi sait-on que les bonnes prairies ne forment qu'une faible fraction du sol, et ont une valeur vénale très élevée.

Si l'excès d'humidité dans le sol est très pernicieux dans les pays tempérés, un degré modéré et soutenu d'humidité est au contraire éminemment favorable. Il est évident qu'elle provoque un utile accroissement de la végétation, multiplie les fourrages et fertilise la terre. Il n'y a rien du reste que de très naturel à cela, que dans un climat toujours assez sec et riche en lumière, l'humidité donnée dans une juste mesure améliore les récoltes, et produise un tout autre effet qu'une humidité excessive. Ce que l'agriculteur demande, c'est non pas isolément beaucoup de chaleur, beaucoup de lumière ou d'humidité, c'est une juste proportion de chaleur, d'humidité et de lumière.

Plus de jours sereins sous le ciel sombre, chaud et pluvieux de l'équateur; quelques pluies régulières dans les chmats désertiques; une chaleur plus soutenue, point de gelées tardives, une alternance plus régulière de jours pluvieux et sereins dans les climats tempérés, seraient les souhaits qu'il adresserait aux fées et aux génies, s'il en existait encore.

Après avoir parlé de l'herbe, parlons des racines alimentaires. Celles des pays septentrionaux ne paraissent pas très nourrissantes, parce qu'elles sont très aqueuses; mais je ferai remarquer que l'eau s'absorbe et s'élimine aisément dans la digestion, et que la matière azotée peut probablement être bien mieux utilisée dans des racines qui contiennent un ou deux pour 100 de substance azotée, contre 5 ou 8 de cellulose et d'amidon, et 85 ou 92 d'eau (comme seraient le navet ou la carotte), que dans ces tubercules farineux des pays chauds qui renferment 2, 3, 4 pour 100 de matière azotée contre 20 ou 35 de cellulose et d'amidon, 70 ou 60 d'eau. Il n'est pas du reste certain que toutes les matières azotées aient dans les plantes la même valeur alimentaire, et que certains principes aromatiques et sapides des légumes de l'Europe ne concourent pas très utilement à la nutrition. S'il faut attacher quelque importance aux instincts du goût, qui n'a éprouvé dans les pays chauds combien la saveur aromatique et appétissante du chou, du navet, de la carotte, plaît au palais des Européens, qui sur leur habitation se nourrissent habituellement des racines farineuses du manioc, de l'igname, des patates, ou des fruits de bananier?

La facilité avec laquelle un sol même médiocre produit dans les pays tempérés des récoltes suffisantes de céréales ou de grains farineux de légumineuses, est le caractère propre de leur agriculture, le secret de leur puissance de production; mais ce précieux avantage est avant tout un bénéfice naturel du climat. En Europe, il faut une terre arable meilleure et mieux façonnée pour produire, sur un champ, des racines que des grains; à la Guyane, c'est l'inverse, et telle terre fatiguée, qui peut donner du manioc, ne saurait produire du maïs ou des pois.

Il serait fort intéressant de comparer l'effet sur le sol, dans les pays tempérés et dans les pays chauds, de la végétation prolongée des forêts. On n'a plus qu'assez rarement en Europe l'occasion de défricher des bois et de comparer la fertilité de leur sol avec celle des champs voisins.

On sait cependant qu'en général la terre y produit, pendant plusieurs années, sans fumure, des récoltes abondantes. Il faut cependant remarquer que ces bois sont loin d'être en tout assimilables aux forêts vierges, puisqu'on les exploite et que les animaux ne s'y multiplient pas beaucoup. En général, sur ces défrichés, le sol est plus riche en humus et en sels de potasse, et certaines plantes, le colza, par exemple, y prospèrent singulièrement. Cette assertion étonnera peut-être bien des lecteurs; mais je crois que la fertilité du sol en France, si belle qu'y soit l'agriculture, est réellement moindre qu'elle ne l'était au temps des Druides, alors que de hautes futaies couvraient la plus grande partie du sol, et qu'une population peu nombreuse tirait sa subsistance de petites cultures enclavées dans les bois. Il faut ajouter que si la richesse chimique du sol a en général diminué, le sol, à d'autres égards, a pris une plus-value incontestable, en se nivelant, en se purgeant de pierres et de racines, en subissant un défoncement, et s'adaptant par ces travaux à main d'homme à l'action facile des instruments agricoles attelés.

En parlant des pays tempérés, j'ai eu surtout en vue les terres qui s'étendent dans l'Europe occidentale entre 44 et 55°. La région méditerranéenne a une physionomie si particulière qu'on ne peut guère parler d'elle qu'à part. Cette zone a plus de chaleur et de lumière que le nord, mais moins d'humidité. Dans ces conditions climatériques, nous comprendrons sans peine :

Qu'elle offre peu de forêts;

Que les terres pierreuses et sèches et les coteaux rocheux y soient souvent demi-dénudés, ou ne portent que des broussailles, au lieu de se garnir, comme dans le nord, de bois, ou de produire des pelouses de gazon basses, mais serrées;

Que les champs y portent difficilement sans être irrigués les fourrages artificiels, notamment le trèfle;

Que le climat convienne particulièrement aux arbustes et aux petits arbres, qui peuvent plonger profondément leurs racines, et que la lumière solaire étant excessive, on puisse en planter dans les champs sans préjudice pour les récoltes;

Que les hautes herbes des terrains marécageux soient plus nourrissantes que dans le nord; que la paille des céréales y soit plus nutritive;

Que les légumes, pourvu qu'on les arrose, y exigent moins de fumier.

Tous ces faits se rattachent à ce principe général que, dans un climat sec et riche en lumière, soit que la température soit fraîche, soit qu'elle soit chaude, la végétation tend à produire des pousses riches en albumine végétale, mais ne peut pas produire beaucoup de cellulose et de ligneux.

Dans les climats froids, c'est-à-dire sur le sommet des hautes montagnes et dans les terres qui approchent du cercle polaire, la végétation s'effectue avec une chaleur minime, une lumière intense et une humidité moyenne ou plutôt faible dans les hautes régions. La lumière est intense dans les régions boréales à cause de la très-longue durée des jours; sur les hautes cîmes, en raison de la grande transparence de l'athmosphère et de sa raréfaction. Sur les montagnes élevées, l'humidité athmosphérique est généralement très-faible et l'action directe des rayons solaires sur les plantes y provoque une facile expiration de vapeur d'eau, pendant que, d'une autre part, la température qui reste fraîche et à tout instant devient froide, la chute fréquente de bruines et de givre, l'humectation du sol par la fonte des neiges, empêchent les plantes de développer de trop fortes pousses et de courir risque de se dessécher,

C'est à ces conditions de végétation que répond cette structure particulière, cette physionomie commune des plantes alpines de toutes les parties du monde, reconnaissables à leurs fortes racines, à leur tige courte et basse sortant le plus souvent d'une souche vivace, à leurs feuilles petites, fermes, luisantes et serrées, à leurs fleurs souvent grandes et brillantes.

Nous comprendrons sans peine que, dans les climats glacés, le sol garde facilement sa fertilité,

Que l'herbe des pâturages y soit très-nourrissante.

Que les forêts formées surtout d'arbres verts, plantes d'une organisation spéciale, y recherchent les vallées, les pentes fraîches à mi-hauteur, et manquent dans les places exposées à de trop grands froids où à une trop grande sécheresse athmosphérique.

J'arrête ici ces développements théoriques trop longs peut-être. J'ai considéré, à un point de vue bien abstrait, la géographie agricole ; le lecteur eut peut être trouvé plus d'agrément à avoir sous les yeux un simple tableau des limites de culture de chaque plante, mais des notions précises à cet égard sont déjà acquises à la science et on les trouve dans plusieurs bons livres. En outre les considérations générales et l'appréciation des conditions d'ensemble, dictent et dominent réellement en tout pays la pratique. Nulle part on ne fait de l'agriculture pour cultiver une plante, mais on combine un ensemble plus ou moins compliqué d'opérations. Il existe des monographies bien faites de toutes les plantes cultivées dans ces pays chauds, particulièrement de celles dont les produits sont livrés au commerce, il n'y a pas dans la science de doluments solides sur l'ensemble de leur pratique agricole. Cet ensemble est commandé par de grands faits physiques et des lois de physiologie végétale et animale, qu'il faut avant tout avouer et reconnaître, et que trop de personnes dédaignent ou révoquent en doute avec une témérité d'esprit déplorable.

La proportion variée de lumière, de chaleur et d'humidité qui caractérise les climats successifs de la terre, imprime un cachet propre aux productions de chacun. L'homme emploie avec intelligence et utilise à son profit ces grandes forces naturelles, mais il ne lui est pas donné de se passer d'elles et de créer par sa propre action.

Quels avantages et quels inconvénients l'agriculteur trouve dans chaque zone du globe, en quelle mesure et par quelle voie il peut lutter contre les difficultés que son travail rencontre, c'est au respect de l'expérience acquise, à la patiente étude, aux tentatives actives et prudentes de progrès qu'il doit le demander.

FIN.

NOTES.

Page 1. En rédigeant ce travail, j'ai supposé connues les latitudes limites où s'arrêtent les plantes cultivées des pays chauds et des pays tempérés. Il peut cependant être agréable à quelques lecteurs de trouver sur ce point des indications générales et sommaires. En général, la plupart des plantes utiles des pays chauds, le bananier, le manioc, la plupart des ignames, l'arbre à pain, le cocotier, presque tous les arbres à fruit, le cacao, le café, les races les plus fortes de canne, les arbres à épice, n'ont une belle et légitime végétation que dans l'espace intertropical de 0° à 24°; plus au nord, ils ne sauraient entrer dans la grande culture. Le cocotier et l'arbre à pain commencent même à perdre de leur vigueur dès 20 ou 22°. On voit, au contraire, sortir de l'espace intertropical et s'avancer, suivant les espèces et les contrées, jusqu'à 32, 35, 40 et 43°, le goyavier, le chirimoya, l'ananas, quelques races de canne, et surtout l'oranger, le riz, le coton, la patate, l'arachide, le sésame, le sorgho. Quelques-unes même de ces espèces végètent mieux entre 20 et 35° qu'au voisinage de la ligne. Les limites méridionales des plantes des pays tempérés sont plus difficiles à établir; on peut cependant assurer que leur grande et facile culture ne dépasse guère, au sud, 30 ou 25°; plusieurs même commencent à perdre de leur belle venue dès 40°. Il est évident que je ne parle que des cultures en plaine.

P. 8. Les grandes îles de l'archipel indien et l'extrémité sud de la presqu'île de Malacca ne rentrent pas complétement dans la description que j'ai donnée du climat équatorial. Le voisinage des grands continents y change le cours naturel des vents, et y imprime au climat une nuance particulière. Les pluies y sont plus entrecoupées d'éclaircies et de jours sereins qu'en Amérique; les orages y sont, je crois, au moins sur quelques points, plus intenses. Ces différences, jointes à un autre sol géologique, constituent des conditions agricoles sensiblement différentes de celles de la Guyane et du Para.

P. 8. D'une manière générale, les contrées situées entre 8° et 24° sont plus commodes pour l'agriculture que les terres voisines de l'Équateur; elles sont cependant exposées, certaines années, à de redoutables sécheresses, et, dans quelques localités, les ouragans exercent de loin en loin des ravages.

P. 13. Quoique d'une manière générale le maximum des pluies tombe sous l'Équateur, il existe, dans les pays chauds, des chaînes de montagnes directement exposées au souffle des alisés, où il tombe une quantité annuelle de pluie bien plus considérable que dans les plaines équatoriales. On a relevé dans l'Inde des faits de ce genre; on y voit la pluie annuelle monter aux chiffres fabuleux de 6, 8 et 10 mètres.

P. 17. Une augmentation de la vapeur hygrométrique de l'air après une sécheresse, sans que la pluie soit tombée, exerce une action sensible sur les végétaux. A. Saint-Hilaire a remarqué que, dans les provinces intérieures du Brésil méridional, dans ces bois où la sécheresse dépouille les arbres de leurs feuilles, la floraison de plusieurs arbres s'opère à l'approche du retour des pluies, avant même qu'elles ne soient tombées.

P. 20. Le climat équatorial est généralement peu favorable à la constitution des mammifères... La géologie nous montre leur complet défaut ou leur excessive rareté dans les âges de la terre antérieurs à la craie, époques primitives où un climat plus chaud et plus humide comportait la croissance de palmiers, de cycadées et de fougères arborescentes jusque sous nos parallèles d'Europe.

P. 23. Il est intéressant d'opposer à ces fourrages d'une production énorme sous l'Équateur, mais d'une valeur nutritive faible, l'arachide dont la courte tige contient une énorme quantité de matière azotée. Ainsi, le même champ pourrait porter ou une énorme quantité de fourrage peu nutritif, herbe de Guinée, par exemple, ou une minime quantité d'un fourrage extrêmement nutritif, arachide.

P. 24. A la Guyane, l'herbe d'un sol fertile est plus nourrissante... M. Vigneron Jousselandière fait la même remarque à propos de l'agriculture du Brésil.

P. 39. Dans les pays tempérés, comme dans les pays chauds, l'abondance de l'humidité peut permettre à un sol infertile de porter une végétation passablement vigoureuse... J'ai connu des propriétaires du centre de la France, qui, ayant desséché par le drainage des prairies marécageuses assises sur un mauvais sol granitique ou tourbeux, ont éprouvé de singulières déceptions... il ne poussait plus que très-peu d'herbe. Il est probable qu'ils eussent mieux réussi, si, après avoir drainé, ils avaient amélioré le sol par des labours profonds, le chaulage et l'usage des engrais.

P. 37. Si une lumière abondante est une cause puissante de production agricole, l'excès des rayons solaires directs peut nuire à la végétation, quand même le sol garde de l'humidité. Une plante qui souffre de cet excès d'insolation a les feuilles petites, et souvent colorées d'un vert jaunâtre pâle, elle reste peu élevée, et ne pousse pas activement. Il est probable que l'expiration excessive de vapeur d'eau par les feuilles est la cause principale de cette perturbation de la vie végétale; elle doit entraîner une augmentation considérable de cette incrustation des tissus par des matières minérales sur lesquelles M. Ed. Robin a développé des vues si intéressantes.

P. 47. Le défaut d'une chaleur suffisante a une influence très-particulière sur cette dernière période de la végétation des plantes annuelles où les sucs de la tige et des feuilles se portent vers le fruit et concourent au développement de la graine. Si la température est insuffisante, ce transport s'opère mal, la maturation languit et ne se fait pas normalement. Il est curieux de comparer à ce point de vue la maturation du maïs dans le centre de la France à ce qu'elle est dans les pays chauds. Je crois que c'est principalement pour des raisons de ce genre que le tabac des pays chauds est bien plus doux que celui des contrées tempérées. L'écimage, tout en le diminuant, n'empêche pas ce transport des sucs.

Paris. — Imprimerie Walder, rue Bonaparte, 44.

PARIS. — TYPOGRAPHIE WALDER, RUE BONAPARTE, 44.

www.ingramcontent.com/pod-product-compliance
Lightning Source LLC
LaVergne TN
LVHW012011160826
845678LV00002B/769

* 9 7 8 2 3 2 9 6 6 3 8 6 9 *